读案例 学安规 反违章

——《电力安全工作规程》案例警示教材

（变电部分）

北京华电万通科技有限公司　编著

中国电力出版社
CHINA ELECTRIC POWER PRESS

内容提要

本书以《安规》为主线，针对一线班组在各生产作业环节中的存在的违章现象，列举了变电作业工作环节中的30个典型事故案例，从事故经过、现场目击、案例警示、《安规》对照四个方面，详细解读了事故案例的发生经过，深度剖析了事故成因以及应遵守的《安规》条款。

本书通过图文并茂的表现形式，以生动形象的画面、通俗易懂的语言，针对电力生产中的危险点和风险因素，直观醒目地警示了作业人员学习、遵守相关《安规》条款，切实达到反违章的目的。

本书作为电力企业对员工进行安全教育的培训教材，还可供电力企业基层班组、现场作业人员、安全管理人员学习参考。

图书在版编目（CIP）数据

读案例　学安规　反违章：《电力安全工作规程》案例警示教材．变电部分／北京华电万通科技有限公司编著．—北京：中国电力出版社，2017.6（2023.6重印

ISBN 978-7-5198-0793-1

Ⅰ．①读…　Ⅱ．①北…　Ⅲ．①电力安全－安全规程－中国－教材　②变电所－安全规程－中国－教材　Ⅳ．①TM7-65　②TM63-65

中国版本图书馆CIP数据核字（2017）第119787号

出版发行：中国电力出版社
地　　址：北京市东城区北京站西街19号（邮政编码100005）
网　　址：http://www.cepp.sgcc.com.cn
责任编辑：闫柏杞（010-63412793）
责任校对：马　宁
装帧设计：张俊霞　左　铭
责任印制：蔺义舟

印　　刷：北京瑞禾彩色印刷有限公司
版　　次：2017年6月第一版
印　　次：2023年6月北京第四次印刷
开　　本：880毫米×1230毫米　32开本
印　　张：4.125
字　　数：90千字
印　　数：4001—5000册
定　　价：29.00元

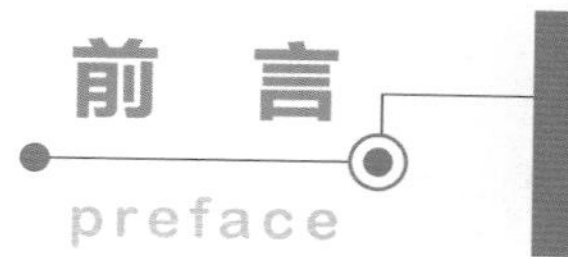

前 言

preface

安全是电力生产的前提和保障，电力生产具有生产环节多、现场带电设备多、交叉作业多的特点，电力企业95%以上的生产安全事故由违章引发。2016年11月24日，国家能源局综合司印发《关于深刻汲取事故教训切实做好电力建设安全工作的紧急通知》国能综安全〔2016〕780号，对切实加强电力建设施工安全管理，坚决遏制重、特大事故的发生，确保人民群众生命财产安全，提出了进一步要求。

本书以一线班组在各生产作业环节中发生的作业事故和存在的作业风险隐患为素材，列举了变电作业工作环节中的30个典型事故案例，从事故经过、现场目击、案例警示、《安规》对照四个方面，详细解读了事故案例的发生经过和原因，并以案例为警示，深度剖析了事故的警示作用及应遵守的条规条款。读者在阅读本书的同时，可以通过“读案例”的过程，“学《安规》”条款，提高“反违章”意识。

本书使用了图文并茂的表现形式，以生动形象的画面、通俗易懂的语言，针对电力生产中的危险点和风险因素，直观醒目地警示了作业人员必须遵守的《安规》条款和安全常识。

由于编者水平有限，书中如有疏忽和差错之处，欢迎各位读者批评指正。

目 录

contents

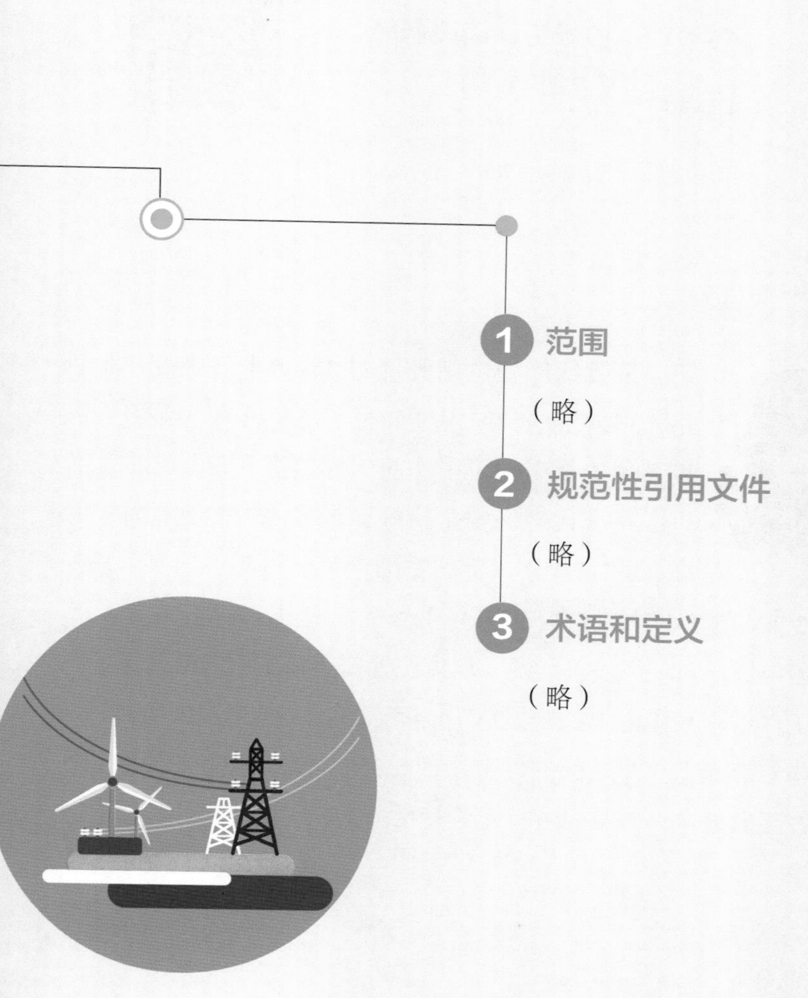

1 范围

（略）

2 规范性引用文件

（略）

3 术语和定义

（略）

4 总则

案例1 工作前未交代安全措施及注意事项 检修工认错设备触电身亡

事故经过

某镀钢厂变电站开展对35kV Ⅰ号主变压器回路、35kV测量TV及避雷器、6kV Ⅰ段母线及出线设备的检修工作。工作前工作负责人贺某未向工作班成员交代现场安全措施、带电部位和其他注意事项。8时30分，贺某安排李某、肖某、田某、施某拆除35kV的TV引线和清扫35kV Ⅰ号主变压器断路器。

班组成员对现场设备状况、具体位置安全措施不清就开工。

工作中李某错把TA认成TV，当李某站在35kV进线隔离开关C相与C相计量TA之间的构架上时，35kV紧线隔离开关桩头对李某右手臂放电，李某经抢救无效死亡。

现场目击

▸▸ 某镀钢厂变电站开展对 35kV Ⅰ号主变压器回路、35kV 测量 TV 及避雷器、6kV Ⅰ段母线及出线设备的检修工作。

▸▸ 工作前工作负责人贺某未向工作班成员交代现场安全措施、带电部位和其他注意事项。

►► 8时30分，贺某安排李某、肖某、田某、施某拆除35kV的TV引线和清扫Ⅰ号主变压器断路器。

班组成员对现场设备状况、具体位置安全措施不清就开工。

►► 工作中李某错把TA认成TV，当李某站在35kV进线隔离开关C相与C相计量TA之间的构架上时，35kV紧线隔离开关桩头对李某右手臂放电，李某经抢救无效死亡。

案例警示

作业人员只有明确了工作中的危险因素及防范措施才能主动避免人身伤害；只有掌握事故紧急处理措施才可以在突发状况下把伤害减小到最低。工作负责人应通过班前会、安全交底等形式告知作业人员作业现场和工作岗位存在的危险因素、防范措施及事故紧急处理措施，使作业人员做到“不伤害自己、不伤害他人、不被他人伤害。”

《安规》对照

Q/GDW 1799.1—2013《国家电网公司电力安全工作规程　变电部分》

4.2.4　各类作业人员应被告知其作业现场和工作岗位存在的危险因素、防范措施及事故紧急处理措施。

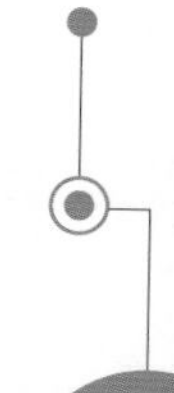

案例2　外来员工未经过安规培训违规带电操作被电击

事故经过

某县防腐工程公司承包某供电局 35kV 变电站防腐工作。当日 16 时，供电局人员通知该公司现场负责人，不准攀登上层带电层，只限于在 572 断路器的地面作业。该公司刘某因未参加安规培训，工作中为抢工期，未请示任何负责人，无视安全警示牌，搬来 7m 长梯，在未系安全绳、未戴安全帽的情况下，爬上 5m 高的 572 断路器构架。工作中发生电击，刘某重心失稳，从高处坠落、头部触地，经抢救无效死亡。

现场目击

▶▶ 某县防腐工程公司承包某供电局 35kV 变电站防腐工作。

▶▶ 当日 16 时，供电局人员通知该公司现场负责人，不准攀登上层带电层，只限于在 572 断路器的地面作业。

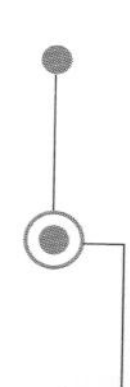

▸▸ 该公司刘某因未参加过安规培训，工作中为抢工期，未请示任何负责人，无视安全警示牌，搬来 7m 长梯，在未系安全绳、未戴安全帽的情况下，爬上 5m 高的 572 断路器构架。

▸▸ 工作中发生电击，刘某重心失稳，从高处坠落、头部触地，经抢救无效死亡。

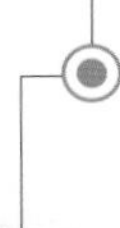

案例警示

外单位承担本单位工作时，属于本单位对外的承发包工程，因而外单位负有对其内部人员的管理责任，并负责组织人员进行《安规》培训，经考试合格之后由设备运行管理单位认可，才能参加工作。

而外来人员参加与本单位工作时，属于雇佣关系，本单位负责对其进行管理、培训并考核。

《安规》对照

Q/GDW 1799.1—2013《国家电网公司电力安全工作规程 变电部分》

4.4.4 参与公司系统所承担电气工作的外单位或外来工作人员应熟悉本规程，经考试合格，并经设备运维管理单位认可，方可参加工作。工作前，设备运维管理单位应告知现场电气设备接线情况、危险点和安全注意事项。

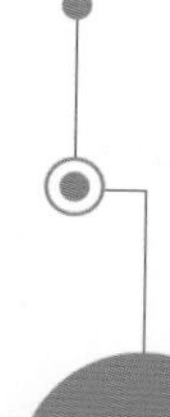

5 高压设备工作的基本要求

（略）

6 保证安全的组织措施

案例3 违规取下标示牌 触碰带电静触头 触电死亡

事故经过

某变电修试公司在变电站进行326电容器间隔的检修工作。运行人员在做好安全措施、许可工作后，工作班成员谢某与贺某开始进行设备预防性试验工作。试验完毕后，谢某听到326开关柜内有响声，便独自去326开关柜前检查，擅自将柜内“止步！高压危险”标示牌取下，并将柜内静触头挡板顶起（静触头带电），不慎触电倒在326小车柜内，经医院抢救无效死亡。

现场目击

▶▶ 某变电修试公司在变电站进行 326 电容器间隔的检修工作。运行人员在做好安全措施、许可工作后，工作班成员谢某与贺某开始进行设备预防性试验工作。

▶▶ 试验完毕后谢某听到 326 开关柜内有响声，便独自去 326 开关柜前检查。

►► 谢某擅自将柜内“止步！高压危险”标示牌取下，并将柜内静触头挡板顶起（静触头带电）。

►► 不慎触电倒在326小车柜内，经医院抢救无效死亡。

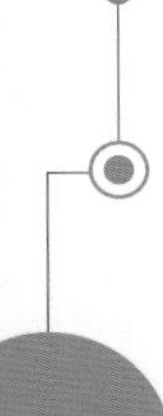

案例警示

（1）手车式开关从柜内拉至检修位置时，开关柜内的三相静触头应被装置的挡板自动封闭，此时静触头仍带电，人员工作中有造成误触电的可能，所以高压开关柜内手车开关拉出后，隔离带电部位的挡板封闭后禁止开启。为了警示工作人员开关静触头仍然带电，在开关柜内应设置“止步，高压危险！”的标示牌，提示禁止开启挡板。

（2）若无自动封闭开关静触头的挡板，应临时采用绝缘隔板将触头封隔，并设标示牌，将检修设备和带电设备隔开，不得随意拆除，严防工作人员在柜内工作时触电。

《安规》对照

Q/GDW 1799.1—2013《国家电网公司电力安全工作规程　变电部分》

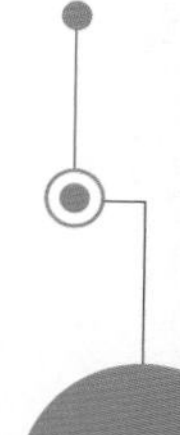

7.5.4　高压开关柜内手车开关拉出后，隔离带电部位的挡板封闭后禁止开启，并设置“止步，高压危险！”的标示牌。

7.5.8　禁止作业人员擅自移动或拆除遮栏（围栏）、标示牌。因工作原因必须短时移动或拆除遮栏（围栏）、标示牌，应征得工作许可人同意，并在工作负责人的监护下进行。完毕后应立即恢复。

7 保障安全的技术措施

案例4 无人监护擅自操作　未验电就装设接地线致触电

事故经过

某供电局线路检修班组进行35kV某变电站10kV 912线路0号杆引流线更换工作，工作负责人让甲、乙两人去10kV 912线路做安全措施。两人到现场后发现没有带验电器，而且接地线没有接地棒，乙便在甲的安排下离开现场到老百姓家借钢筋做接地棒，乙走后，甲便在无人监护的情况下，擅自登杆，在未验电的情况下开始装设接地线，在挂上第一根接地线时发生了触电事故。

现场目击

▸▸ 某供电局线路检修班组进行 35kV 某变电站 10kV 912 线路 0 号杆引流线更换工作。

▸▸ 两人到现场后发现没有带验电器，而且接地线没有接地棒，乙便在甲的安排下离开现场到老百姓家借钢筋做接地棒。

►► 乙走后，甲便在无人监护的情况下，擅自登杆，在未验电的情况下开始装设接地线。

►► 在挂上第一根接地线时发生了触电事故。

案例警示

（1）事后查明，该线路带电为6号杆线T接的某客户自备发电机发电倒送电所致。

（2）装设接地线是一项严肃谨慎的工作，若操作不当具有一定危险性。如果发生带电挂接地线，不仅危及作业人员安全，而且可能会造成设备损坏。

（3）装设接地线，应由两人进行，一人操作，一人监护，以确保装设地点、操作方法的正确性，防止因错挂，漏挂而发生误操作事故。同时两人操作，一旦发生带电挂接地线，造成人身伤害事故时，还可以起到相互救助的作用。

（4）装设接地线或合接地刀闸（装置），最重要的是防止设备突然来电。因此，对所有可能送电至停电设备的各方面都应装设接地线或合接地刀闸（装置），保证作业人员始终在接地的保护范围内工作。

《安规》对照

Q/GDW 1799.1—2013《国家电网公司电力安全工作规程　变电部分》

7.4.1 装设接地线应由两人进行（经批准可以单人装设接地线的项目及运维人员除外）。

7.4.3 对于可能送电至停电设备的各方面都应装设接地线或合上接地刀闸（装置），所装接地线与带电部分应考虑接地线摆动时仍符合安全距离的规定。

案例5　检修工作未挂标示牌致人死亡

事故经过

某工厂铸造车间配砂组老工人张某，经常早上提前上班检修混砂机内舱，以保证上班时间正常运行。7 时 20 分，张某来到车间打开混砂机舱门，没有在混砂机的电源开关处挂上“禁止合闸，有人工作！”的警示牌便进入机内检修。他怕舱门开大了也影响他人行走，便将舱门关至仅有 150mm 缝隙，也未挂上“在此工作！”的标示牌。7 时 50 分左右，本组配砂工人李某上班后，没有预先检查一下机内是否有人工作，便将舱门关上，开动混砂机试车，造成张某头部受伤严重，经抢救无效死亡。

现场目击

►► 某工厂铸造车间配砂组老工人张某，经常早上提前上班检修混砂机内舱，以保证上班时间正常运行。

►► 老张没有在混砂机的电源开关处挂上“禁止合闸，有人工作！”的警示牌便进入机内检修。他怕舱门开大了影响他人行走，便将舱门关至仅有 150mm 缝隙，也未挂上“在此工作！”的标示牌。

▶▶ 7 时 50 分左右，本组配砂工人李某上班后，没有预先检查一下机内是否有人工作，便将舱门关上，开动混砂机试车。

▶▶ 造成张某头部受伤严重，经抢救无效死亡。

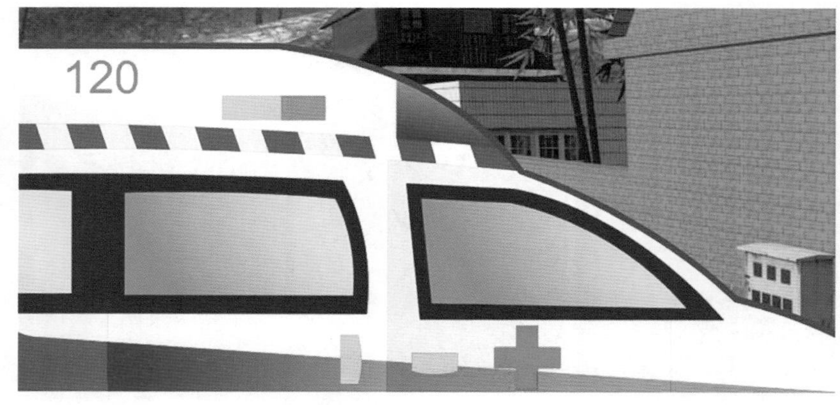

案例警示

（1）为指明工作地点，将检修设备与运行设备加以明确的区分，在检修设备处应设置“在此工作！”的标示牌。

（2）一张工作票若有几个工作地点，均应设置“在此工作！”标示牌；在交直流屏、保护屏、自动化屏等屏柜处工作时，应在屏柜前后分别设置“在此工作！”标示牌。

《安规》对照

Q/GDW 1799.1—2013《国家电网公司电力安全工作规程　变电部分》

7.5.1　在一经合闸即可送电到工作地点的断路器（开关）和隔离开关（刀闸）的操作把手上，均应悬挂“禁止合闸，有人工作！”的标示牌。

如果线路上有人工作，应在线路断路器（开关）和隔离开关（刀闸）操作把手上悬挂“禁止合闸，线路有人工作！”的标示牌。

对由于设备原因，接地刀闸（装置）与检修设备之间连有断路器（开关），在接地刀闸（装置）和断路器（开关）合上后，在断路器（开关）操作把手上，应悬挂“禁止分闸！”的标示牌。

在显示屏上进行操作的断路器（开关）和隔离开关（刀闸）的操作处应设置“禁止合闸，有人工作！”或“禁止合闸，线路有人工作！”以及“禁止分闸！”的标记。

7.5.3　在室内高压设备上工作，应在工作地点两旁及对面运行设备间隔的遮栏（围栏）上和禁止通行的过道遮栏（围栏）上悬挂“止步，高压危险！”的标示牌。

7.5.6　在工作地点设置“在此工作！”的标示牌。

8 线路作业时变电站和发电厂的安全措施

案例6 无人监护私自移开遮栏作业因安全距离不足触电

事故经过

某供电公司进行 110kV 川口变电站微机“五防”系统消缺及 110、35kV 线路带电显示装置检查工作。

检查工作结束后，因川米联线线路带电显示装置插件损坏，缺陷未能消除，工作负责人曹某离开工作现场，准备办理工作终结手续。工作人员赵某怀疑是感应棒的原因造成带电显示装置异常，于是私自跨越已经围好的安全遮栏，无视爬梯上“禁止攀爬，高压危险！”的标示牌，登上 35kV 川米联线 562 隔离开关架构，因与带电的 562 隔离开关线路侧触头安全距离不足而触电，从架构上坠落至地面，经抢救无效死亡。

现场目击

▸▸ 某供电公司进行110kV川口变电站微机“五防”系统消缺及110、35kV线路带电显示装置检查工作。

▸▸ 检查工作结束后，因川米联线线路带电显示装置插件损坏，缺陷未能消除，工作负责人曹某离开工作现场，准备办理工作终结手续。

▸▸ 工作人员赵某怀疑是感应棒的原因造成带电显示装置异常，于是私自跨越已经围好的安全遮栏，无视爬梯上“禁止攀爬，高压危险！”的标示牌，登上 35kV 川米联线 562 隔离开关架构。

▸▸ 赵某因与带电的 562 隔离开关线路侧触头安全距离不足而触电，从架构上坠落至地面，经抢救无效死亡。

案例警示

遮栏是为了限制人员的活动范围，防止人员误碰、误触高压带电部分或误入带电间隔造成触电事故而要求的一项安全措施。遮栏内的高压设备即使不带电，但在运行方式改变或发生异常情况时，随时有突然带电的可能，故应视为带电设备。

工作人员不得在没有监护的情况下单独移开或越过遮栏进行工作。如果必须移开遮栏，则应有人负责监护，并且工作人员的活动范围应与高压设备保持规定的安全距离，防止人身触电。

《安规》对照

Q/GDW 1799.1—2013《国家电网公司电力安全工作规程　变电部分》

5.1.4 无论高压设备是否带电，工作人员不得单独移开或越过遮栏进行工作；若有必要移开遮栏时，应有监护人在场，并符合表 1 的安全距离。

案例7　单独巡视高压设备并移开遮栏无人监护情况下发生触电

事故经过

某电业局检修人员进行110kV桃源变电站10kV Ⅱ段母线设备年检。8时30分，桃源变电站运维人员罗某许可工作开工，检修工作负责人谭某对9名工作人员进行班前“三交”后作业开始。9时6分，工作人员江某失去监护擅自移动3×24TV柜后门所设遮栏，卸下3×24TV柜门螺栓，并打开后柜门进行清扫工作时，触及3×24TV柜内带电母排，发生触电，经抢救无效死亡。

现场目击

►► 某电业局检修人员进行 110kV 桃源变电站 10kV Ⅱ段母线设备年检。

►► 8 时 30 分，桃源变电站运维人员罗某许可工作开工，检修工作负责人谭某对 9 名工作人员进行班前“三交”后作业开始。

►► 9 时 6 分，工作人员江某失去监护擅自移动 3 × 24TV 柜后门所设遮栏，卸下 3 × 24TV 柜门螺栓。

►► 江某打开后柜门进行清扫工作时，触及 3 × 24TV 柜内带电母排，发生触电，经抢救无效死亡。

案例警示

由于是单独巡视高压电气设备，巡视时无人监护，发生意外时无人救护，因此即使在巡视中发现问题也不得进行处理，更不准移开或越过遮栏，以防止造成触电伤害事故和设备损坏、停电事故。如果发现问题，应及时告知值班员组织处理或向上级相关领导报告，等待安排处理。

《安规》对照

Q/GDW 1799.1—2013《国家电网公司电力安全工作规程　变电部分》

5.2.1　经本单位批准允许单独巡视高压设备的人员巡视高压设备时，不准进行其他工作，不准移开或越过遮栏。

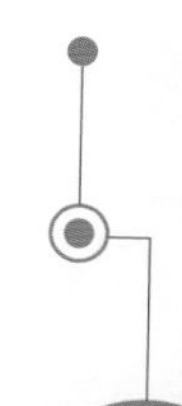

9 带电作业

案例8 等电位人员未着全套屏蔽服工作中被弧光烧伤致死

事故经过

某电业局某线路工区带电班在66kV 15号杆配电变压器上，进行塔接高压引流线工作。等电位人员陶某在工作时未按规定在衣服外面穿合格的全套屏蔽服（包括帽、衣裤、手套、袜和鞋）。工作时，绝缘三角板倾斜，陶某手里所持引流线的绑线甩向中相导线，引起弧光。陶某衣服着火，烧伤面积达40%，经抢救无效死亡。

现场目击

▸▸ 某电业局某线路工区带电班在 66kV 15 号杆配电变压器上，进行塔接高压引流线工作。

▸▸ 等电位人员陶某在工作时未按规定在衣服外面穿合格的全套屏蔽服（包括帽、衣裤、手套、袜和鞋）。

►► 工作时，绝缘三角板倾斜，陶某手里所持引流线的绑线甩向中相导线，引起弧光。

►► 陶某衣服着火，烧伤面积达 40%，经抢救无效死亡。

案例警示

（1）屏蔽服也称等电位服，是根据置于强电场中的金属球内部电场为零的原理制成的。屏蔽服的重要作用有：具有屏蔽作用，能大大减弱人体表面的电场强度；具有均压作用，能消除人员电击感；具有分流作用，能分流暂态电流和稳态电流。因此正确的穿着和使用屏蔽服是保证带电作业安全的首要措施。

（2）等电位作业人员必须穿上符合 GB/T 6568—2008《带电作业用屏蔽服装》规定要求的全套屏蔽服，且各部分连接可靠，屏蔽服内还应穿着阻燃内衣。所谓阻燃是指遇电弧后无明火、不助燃、仅碳化，以避免电弧起火对作业人员造成大面积烧伤。

（3）穿着屏蔽服是保证人身安全的重要措施，由于屏蔽服的载流截面不可能很大，整体通流容量有限，禁止通过屏蔽服断、接接地电流、空载线路和耦合电容器的电容电流，以防危及作业人员安全。

（4）进行这类工作时，应使用绝缘绳或绝缘支撑杆等将引流线可靠固定，以防止其摆动而造成接地、相间短路或人身触电。

《安规》对照

Q/GDW 1799.1—2013《国家电网公司电力安全工作规程　变电部分》

9.3.2　等电位作业人员应在衣服外面穿合格的全套屏蔽服（包括帽、衣裤、手套、袜和鞋，750kV、1000kV 等电位作业人员还应戴面罩），且各部分应连接良好。屏蔽服内还应穿着阻燃内衣。

禁止通过屏蔽服断、接接地电流、空载线路和耦合电容器的电容电流。

9.4.4　带电断、接空载线路、耦合电容器、避雷器、阻波器等设备引线时，应采取防止引流线摆动的措施。

案例9　绝缘杆上抹布油污　抹布与断路器放电致线路停电

事故经过

某供电局一次变电所检修班用带电不良绝缘子检修杆（总长 3.7m，上节长 1.17m，中节长 0.83m，下节长 1.7m）绑上抹布沾金属洗涤剂擦拭变电设备油污。在 66kV 现场，工作人员朱某看到 C 相断路器油标下部有油污，即用绝缘杆擦。此时，绝缘杆上部洗涤剂已渗透到第二节下部（约 2m）。朱某擦拭时，站在 A 相断路器电源侧位置。因绝缘杆靠近 B 相断路器，擦拭过程中，上节杆下部抹布与 B 相断路器中法兰放电，形成 B、C 相短路，接着发展为三相弧光短路。因 I、II 号主变压器参数不同，66kV 母线差动保护不能投入，故障经 4.5s 后，I 号主变压器 220kV 复合，电压闭锁过流保护动作，I 号主变压器一、二次主断路器跳闸，66kV 东母线及所带的三条线路停电。

现场目击

►► 某供电局一次变电所检修班用带电不良绝缘子检修杆（总长 3.7m，上节长 1.17m，中节长 0.83m，下节长 1.7m）绑上抹布沾金属洗涤剂擦拭变电设备油污。

►► 在 66kV 现场，工作人员朱某看到 C 相断路器油标下部有油污，即用绝缘杆擦。

►► 朱某擦拭时，站在 A 相断路器电源侧位置。因绝缘杆靠近 B 相断路器，擦拭过程中，上节杆下部抹布与 B 相断路器中法兰放电，形成 B、C 相短路，接着发展为三相弧光短路。

►► 因 I、II 号主变压器参数不同，66kV 母线差动保护不能投入，故障经 4.5s 后，I 号主变压器 220kV 复合，电压闭锁过流保护动作，I 号主变压器一、二次主断路器跳闸，66kV 东母线及所带的三条线路停电。

案例警示

带电作业工具于使用前进行检查试验，是现场安全把关，确保工具合格、良好的有效方法。现场工作前应检验的主要内容有以下几点：

（1）认真仔细地检查工具有无变形、部件损坏和失灵等问题，通过检查发现那些外在明显的缺陷。

（2）进一步用仪器、仪表的手段对工具绝缘做检测。要求各部分应分件、分段进行，以发现个别、局部的绝缘性能问题，所测试绝缘电阻值复核规程的标准，每段最低不得低于700MΩ。

（3）操动使用绝缘工具要注意防潮和脏污。操作时要戴上干燥、洁净的手套，工具用完后立即清洁，并放回专业袋或箱中保管存放。

《安规》对照

Q/GDW 1799.1—2013《国家电网公司电力安全工作规程　变电部分》

9.13.2.1　带电作业工具应绝缘良好、连接牢固、转动灵活，并按厂家使用说明书、现场操作规程正确使用。

9.13.2.2　带电作业工具使用前应根据工作负荷校核机械强度，并满足规定的安全系数。

9.13.2.3　带电作业工具在运输过程中，带电绝缘工具应装在专用工具袋、工具箱或专用工具车内，以防受潮和损伤。发现绝缘工具受潮或表面损伤、脏污时，应及时处理并经试验或检测合格后方可使用。

9.13.2.4　进入作业现场应将使用的带电作业工具放置在防潮的帆布或绝缘垫上，防止绝缘工具在使用中脏污和受潮。

9.13.2.5　带电作业工具使用前，仔细检查确认没有损坏、受潮、变形、失灵，否则禁止使用。并使用2500V及以上绝缘电阻表或绝缘检测仪进行分段绝缘检测（电极宽2cm，极间宽2cm），阻值应不低于700MΩ。操作绝缘工具时应戴清洁、干燥的手套。

10 发电机、同期调相机和高压电动机的检修、维护

案例10 维修断路器无工作标示牌 人员未核对名称、编号致触电

事故经过

某热电厂电气变电班班长安排工作负责人王某及成员沈某和李某对一台户外断路器进行小修。王某和沈某到达带电的户外断路器处。

王某："哎，也没看见'在此工作！'标示牌啊！"

沈某："是不是工作人员忘记挂标示牌了？"

王某："应该就是，咱们开始工作吧！"

沈某："咱俩还未对断路器名称与编号进行仔细核对呢！"

王某："没事的，赶紧干活吧。"

沈某："那好吧。"

沈某打开操作机构箱准备工作时，突然听到一声沉闷的声音，发现王某已触电身亡。

现场目击

▶▶ 某热电厂电气变电班班长安排工作负责人王某及成员沈某和李某对一台户外断路器进行小修。王某和沈某到达带电的户外断路器处。

▶▶ 王某："哎，也没看见'在此工作！'标示牌啊！"
沈某："是不是工作人员忘记挂标示牌了？"
王某："应该就是，咱们开始工作吧！"

►► 沈某："咱俩还未对断路器名称与编号进行仔细核对呢！"
王某："没事的，我们赶紧干活吧。"
沈某："那好吧。"

►► 沈某打开操作机构箱准备工作时，突然听到一声沉闷的声音，发现王某已触电身亡。

案例警示

事后查明，该台断路器带电，并不是该进行小修的断路器。对一经合闸就可能送电到停电检修设备的隔离开关操作把手必须锁住，并挂“有人工作，禁止合闸！”标示牌。要求断开所有可能来电的隔离开关，如未装防误闭锁装置功能不正常必须另加挂锁，以防人员误碰误合隔离开关。

《安规》对照

Q/GDW 1799.1—2013《国家电网公司电力安全工作规程　变电部分》

10.3　检修发电机、同期调相机应做好下列安全措施：

a）断开发电机、励磁机（励磁变压器）、同期调相机的断路器（开关）和隔离开关（刀闸）。

b）待发电机和同期调相机完全停止后，在其操作把手、按钮和机组的启动装置、励磁装置、同期并车装置、盘车装置的操作把手上悬挂“禁止合闸，有人工作！”的标示牌。

c）若本机尚可从其他电源获得励磁电流，则此项电源应断开，并悬挂“禁止合闸，有人工作！”的标示牌。

d）断开断路器（开关）、隔离开关（刀闸）的操作能源。如调相机有启动用的电动机，还应断开此电动机的断路器（开关）和隔离开关（刀闸），并悬挂“禁止合闸，有人工作！”的标示牌。

13.7　现场工作开始前，应检查已做的安全措施是否符合要求，运行设备和检修设备之间的隔离措施是否正确完成，工作时还应仔细核对检修设备名称，严防走错位置。

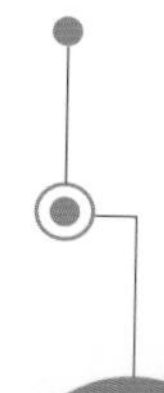

11 在六氟化硫（SF_6）电气设备上的工作

案例11 进入气罐内未事先通风 SF_6气体中毒致人死亡

事故经过

某电子公司工程师王某在维修机械时，一个零件掉落到电子加速器的气罐里，王某没有用检漏仪测量气罐内 SF_6 气体含量是否合格，就单独下去捡零件，下去后立即昏倒，经抢救无效死亡。

现场目击

▸▸ 某电子公司工程师王某在维修机械。

▸▸ 一个零件掉落到电子加速器的气罐里。

►► 王某没有用检漏仪测量气罐内 SF_6 气体含量是否合格，就单独下去捡零件。

►► 下去后立即昏倒，经抢救无效死亡。

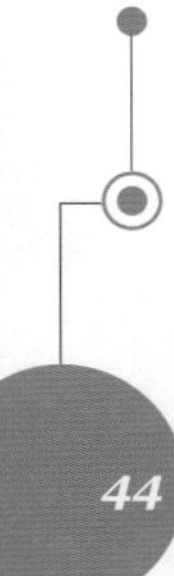

案例警示

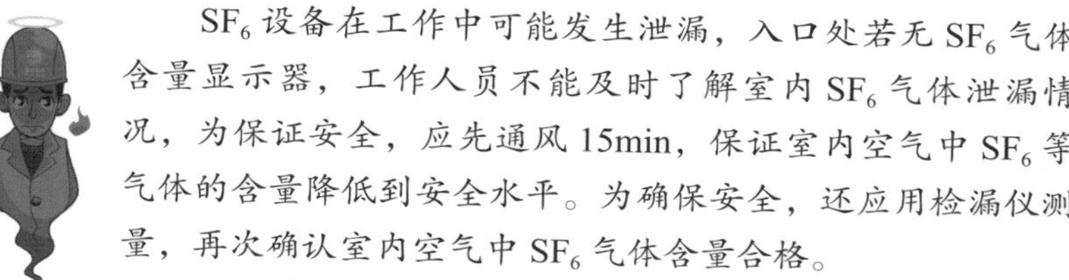

SF_6 设备在工作中可能发生泄漏，入口处若无 SF_6 气体含量显示器，工作人员不能及时了解室内 SF_6 气体泄漏情况，为保证安全，应先通风 15min，保证室内空气中 SF_6 等气体的含量降低到安全水平。为确保安全，还应用检漏仪测量，再次确认室内空气中 SF_6 气体含量合格。

避免单人巡视和不准单人检修的目的，是为保证工作中能互相监护、提醒，以及在其中一人发生窒息或中毒等意外时可及时进行抢救。

《安规》对照

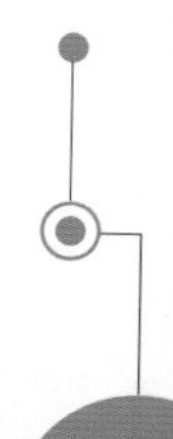

Q/GDW 1799.1—2013《国家电网公司电力安全工作规程 变电部分》

11.6 工作人员进入 SF_6 配电装置室，入口处若无 SF_6 气体含量显示器，应先通风 15min，并用检漏仪测量 SF_6 气体含量合格。尽量避免一人进入 SF_6 配电装置室进行巡视，不准一人进入从事检修工作。

案例12　未检测 SF_6 气体含量也未穿戴安全防护用品　进入泄漏现场后晕倒

事故经过

某供电局某 110kV 变电站配电装置发生 SF_6 大量泄漏，工作人员迅速撤离现场，并且开启了所有排风机进行排风。接到报告后，该局生技部人员马上赶到现场进行事故处理，生技部绝缘专工叶某亲自勘察现场，自己一人跑进 SF_6 事故现场查看设备受损情况。进去没多久，叶某就倒在了地上，变电站工作人员穿戴好防护工具后进入现场将其抬出，送入医院治疗。

现场目击

▶▶ 某供电局某 110kV 变电站配电装置发生 SF_6 大量泄漏。

▶▶ 工作人员迅速撤离现场，并且开启了所有排风机进行排风。

►► 接到报告后，该局生技部人员马上赶到现场进行事故处理，生技部绝缘专工叶某亲自勘察现场，自己一人跑进 SF_6 事故现场查看设备受损情况。

►► 进去没多久，叶某就倒在了地上，变电站工作人员穿戴好防护工具后进入现场将其抬出，送入医院治疗。

案例警示

出现 SF_6 气体大量泄漏的紧急情况时，为保证人员安全，所有人员应迅速撤出现场，并开启所有排风机进行排风，使 SF_6 配电装置室内 SF_6 气体含量以最快速度降到安全标准。在现场 SF_6 气体含量降低到安全标准以前，任何人员禁止入内。只有经过充分的自然排风或强制排风，并用仪器检测 SF_6 气体含量、氧含量（不低于 18%）合格后，才允许作业人员进入。此前如需进行紧急处理，抢修人员应佩戴防毒面具或正压式空气呼吸器，必要时穿戴全套的安全防护用品。

《安规》对照

Q/GDW 1799.1—2013《国家电网公司电力安全工作规程 变电部分》

11.13 SF_6 配电装置发生大量泄漏等紧急情况时，人员应迅速撤出现场，开启所有排风机进行排风。未佩戴防毒面具或正压式空气呼吸器人员禁止入内。只有经过充分的自然排风或强制排风，并用检漏仪测量 SF_6 气体合格，用仪器检测含氧量（不低于 18%）合格后，人员才准进入。发生设备防爆膜破裂时，应停电处理，并用汽油或丙酮擦拭干净。

案例13 SF_6断路器室无通风装置 检修人员进入后缺氧晕倒

事故经过

某变电站当值正值班长李某在主控室发现 35kV 某线 318 断路器发出压力过低报警信号。

于是李某带王某去 35kV 某线 318 断路器室进行巡视。

1min 后，王某感觉呼吸困难，李某随即搀扶王某退出断路器室并向站长汇报。

现场目击

►► 某变电站当值正值班长李某在主控室发现 35kV 某线 318 断路器发出压力过低报警信号。

►► 于是李某带王某去 35kV 某线 318 断路器室进行巡视。

►► 1min 后，王某感觉呼吸困难，李某随即搀扶王某退出断路器室并向站长汇报。

案例警示

（1）事后经查实，318 断路器刚刚技改完毕，为该局第一台 SF_6 断路器。施工单位在安装 SF_6 断路器后，未在断路器室底部安装强力通风装置，且该断路器气体压力表接头处有气体渗漏。

（2）SF_6 在常温、常压下具有高稳定性，在通常状态下，SF_6 是无色、无味、无毒、不会燃烧，化学性能稳定的惰性气体。空气中的 SF_6 自然下沉，致使下部空间的 SF_6 气体浓度升高，且不易稀释或扩散，大量聚集在室内容易造成工作人员缺氧窒息。

（3）同时，SF_6 气体在生产和使用中都伴有多种有毒气体的产生并掺杂其中。尤其是 SF_6 气体在电气设备中经电晕、火花及电弧放电作用，会产生多种有毒、腐蚀性气体，对人体呼吸系统有强烈刺激和毒害作用。

《安规》对照

Q/GDW 1799.1—2013《国家电网公司电力安全工作规程　变电部分》

11.1　装有 SF_6 设备的配电装置室和 SF_6 气体实验室，应装设强力通风装置，风口应设置在室内底部，排风口不应朝向居民住宅或行人。

11.2　在室内，设备充装 SF_6 气体时，周围环境相对湿度应不大于80%，同时应开启通风系统，并避免 SF_6 气体泄漏到工作区。工作区空气中 SF_6 气体含量不得超过1000μL/L（即1000ppm）。

11.3　主控制室与 SF_6 配电装置室间要采取气密性隔离措施。SF_6 配电装置室与其下方电缆层、电缆隧道相通的孔洞都应封堵。SF_6 配电装置室及下方电缆层隧道的门上，应设置“注意通风”的标志。

11.4　SF_6 配电装置室、电缆层（隧道）的排风机电源开关应设置在门外。

11.5　在 SF_6 配电装置室低位区应安装能报警的氧量仪和 SF_6 气体泄漏报警仪，在工作人员入口处应装设显示器。上述仪器应定期检验，保证完好。

11.6　工作人员进入 SF_6 配电装置室，入口处若无 SF_6 气体含量显示器，应先通风15min，并用检漏仪测量 SF_6 气体含量合格。尽量避免一人进入 SF_6 配电装置室进行巡视，不准一人进入从事检修工作。

12 在低压配电装置和低压导线上的工作

案例14 送电未穿戴绝缘设备电弧烧毁计量设备并烧伤操作人员

事故经过

某施工队在某台区进行更换计量箱内电能表和电流互感器的工作。工作结束后进行送电时，操作人员未按规定戴绝缘手套和护目镜。由于接线错误发生短路，造成计量设备被烧毁，操作人员也因电弧烧伤而住院。

现场目击

▸▸ 某施工队在某台区进行更换计量箱内电能表和电流互感器的工作。

▸▸ 工作结束后进行送电时，操作人员未按规定戴绝缘手套和护目镜。

▶▶ 由于接线错误发生短路，造成计量设备被烧毁。

▶▶ 操作人员也因电弧烧伤而住院。

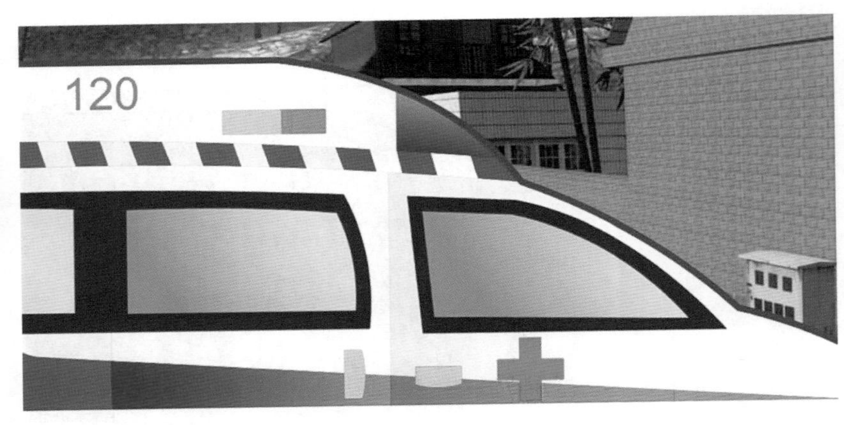

案例警示

对于用熔断器控制的负荷线路或者电源线路，它们与熔断器之间未装设隔离开关、断路器。在恢复操作时有可能用熔断器直接接通低压回路及负荷，如果回路存在短路或大负荷设备，会出现强烈电弧。因为这类操作距离设备较近，易烧伤操作人员的手部和眼睛，故应戴手套和护目眼镜。进行操作时应首先检查熔断器熔丝电流是否符合要求，将其下侧合入或插入，在隔离开关接触另一触头的瞬间要迅速果断，可减小电弧。

《安规》对照

Q/GDW 1799.1—2013《国家电网公司电力安全工作规程 变电部分》

12.3 停电更换熔断器后，恢复操作时，应戴手套和护目眼镜。

案例15 未按规定填用第一种工作票员工作业中触电死亡

事故经过

某高压试验班对 35kV 某断路器二次回路进行试验检查。因为断路器端子箱离地面较高，必须使用梯子等工具才能进行检查。

工作负责人认为作业点离断路器带电部位比较近，必须对该断路器停电进行检查，应使用第一种工作票。工作票签发人认为该线路是一条重要线路，不能停电，只要试验时多加注意即可。

在试验中，试验人员王某爬上梯子进行二次回路检查时，身体不慎晃动，断路器对其手臂放电，王某随即坠落地面，经抢救无效死亡。

现场目击

►► 某高压试验班对 35kV 某断路器二次回路进行试验检查。因为断路器端子箱离地面较高，必须使用梯子等工具才能进行检查。

►► 工作负责人认为作业点离断路器带电部位比较近，必须对该断路器停电进行检查，应使用第一种工作票。工作票签发人认为该线路是一条重要线路，不能停电，只要试验时多加注意即可。

►► 在试验中，试验人员王某爬上梯子进行二次回路检查时，身体不慎晃动。

►► 断路器对其手臂放电，王某随即坠落地面，经抢救无效死亡。

案例警示

《安规》规定需要将高压设备停电或做安全设施者，应填用变电站（发电厂）第一种工作票。本案例中工作时与高压带电设备不满足安全距离，应填用第一种工作票。

《安规》对照

Q/GDW 1799.1—2013《国家电网公司电力安全工作规程　变电部分》

13.1　下列情况应填用变电站（发电厂）第一种工作票：

a）在高压室遮栏内或与导电部分小于表 1 规定的安全距离进行继电保护、安全自动装置和仪表等及其二次回路的检查试验时，需将高压设备停电者。

d）在经继电保护出口跳闸的发电机组热工保护、水车保护及其相关回路上工作，需将高压设备停电或做安全措施者。

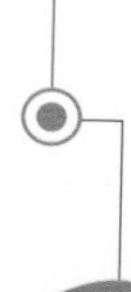

13 二次系统上的工作

（略）

14 电气试验

案例16 检修工作未通知其余人员撤离　致检修人员触电

事故经过

某变电站 10kV 设备进行检修。工作负责人宣布开工后，试验人员在对 10kV 母线进行实验时，未及时通知工作负责人让其余检修人员撤离现场，在 10kV 母线上还有检修人员在工作时就进行试验，造成两名检修人员触电。

现场目击

▸▸ 某变电站 10kV 设备进行检修。

▸▸ 工作负责人宣布开工后，试验人员在对 10kV 母线进行实验时，未及时通知工作负责人让其余检修人员撤离现场。

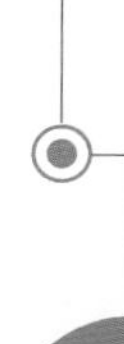

►► 在10kV母线上还有检修人员在工作时就进行试验，造成两名检修人员触电。

案例警示

（1）高压试验需将高压设备停电，所以应填用变电站（发电厂）第一种工作票。

在高压试验室及户外高压试验场试验的不是运用中的设备，应执行GB 26861—2011的规定。

在一个电气连接部分进行高压试验，为保证人身及设备安全，只能许可一张工作票，由一个工作负责人掌控、协调工作。试验工作需检修人员配合，检修人员应列入电气试验工作票中；也可以将电气试验人员列入检修工作票中，但在试验前应得到检修工作负责人的许可。若检修、试验分别填用工作票，检修工作已先行许可工作，电气试验工作票许可前，应将已许可的检修工作票收回，检修人员撤离到安全区域。试验工作票未终结前不得许可其他工作票，以防其他人员误入试验区、误碰被试设备造成人身触电伤害。

（2）加压部分与检修部分之间已拉开隔离开关（刀闸）或拆除电气连接，断开点满足被试设备所加电压的安全距离，检修侧已接地，可在断开点的一侧试验，另一侧继续工作。试验前应在断开点处装设围栏并悬挂“止步，高压危险！”的标示牌，并设专人监护，防止检修人员靠近试验设备发生危险。

《安规》对照

Q/GDW 1799.1—2013《国家电网公司电力安全工作规程 变电部分》

14.1.1 高压试验应填用变电站（发电厂）第一种工作票。在高压试验室（包括户外高压试验场）进行试验时，按 GB 26861 的规定执行。

在同一电气连接部分，许可高压试验工作票前，应先将已发出的检修工作票收回，禁止再许可第二张工作票。如果试验过程中，需要检修配合，应将检修人员填写在高压试验工作票中。

在一个电气连接部分同时有检修和试验时，可填用一张工作票，但在试验前应得到检修工作负责人的许可。

如加压部分与检修部分之间的断开点，按试验电压有足够的安全距离，并在另一侧有接地短路线时，可在断开点的一侧进行试验，另一侧可继续工作。但此时在断开点应挂有“止步，高压危险！”的标示牌，并设专人监护。

14.1.2 高压试验工作不得少于两人。试验负责人应由有经验的人员担任，开始试验前，试验负责人应向全体试验人员详细布置试验中的安全注意事项，交代邻近间隔的带电部位，以及其他安全注意事项。

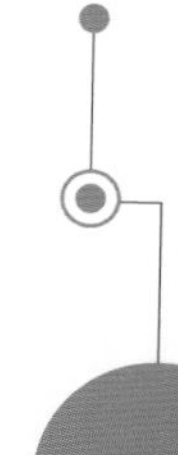

14.1.3 因试验需要断开设备接头时，拆前应做好标记，接后应进行检查。

14.1.4 试验装置的金属外壳应可靠接地；高压引线应尽量缩短，并采用专用的高压试验线，必要时用绝缘物支持牢固。试验装置的电源开关，应使用明显断开的双极刀闸。为了防止误合刀闸，可在刀刃或刀座上加绝缘罩。试验装置的低压回路中应有两个串联电源开关，并加装过载自动跳闸装置。

14.1.5 试验现场应装设遮栏或围栏，遮栏或围栏与试验设备高压部分应有足够的安全距离，向外悬挂“止步，高压危险！”的标示牌，并派人看守。被试设备两端不在同一地点时，另一端还应派人看守。

案例17 高压试验线未缠绕固定脱落的试验线致检修人员触电

事故经过

某供电局高压班在对110kV电流互感器做试验时，工作人员将高压试验线夹在电流互感器引流板上，没有进行缠绕固定，造成试验线脱落。试验线脱落时碰到旁边的检修人员，由于正在加压，造成检修人员触电轻伤。

现场目击

▸▸ 某供电局高压班在对 110kV 电流互感器做试验。

▸▸ 工作人员将高压试验线夹在电流互感器引流板上，没有进行缠绕固定。

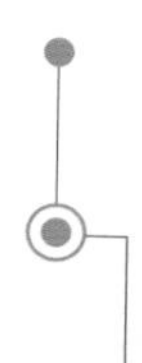

►► 造成试验线脱落。

►► 试验线脱落时碰到旁边的检修人员，由于正在加压，造成检修人员触电轻伤。

案例警示

（1）试验装置的金属外壳接地是为了防止试验装置故障，导致外壳带电危及试验人员的人身安全。采用专用的高压试验线，颜色醒目便于试验人员检查试验接线是否正确，还可防止将试验线遗留在设备上。

（2）缩短试验引线使试验区位置得到有效控制，减少对周围作业人员造成的危险，减少杂散电容对试验数据的影响。应选用能承受试验电压的绝缘物支持试验线，试验引线和被试设备的连接应可靠，防止试验引线掉落。

（3）试验装置的低压回路中应有两个串联电源开关，一个是作为明显断开点的双极隔离开关，双极隔离开关拉开后使试验装置与电源完全隔离，隔离开关拉开后在刀刃或刀座上加装绝缘罩，防止误合隔离开关伤及试验人员或危及试验设备的安全；另一个是有过载自动跳闸装置的开关，此开关的作用是当被试设备击穿以及泄漏电流或电容电流超过设定值时，开关自动跳闸，以减少对被试设备击穿的损坏程度，同时起到防止试验装置过载损坏的作用。

《安规》对照

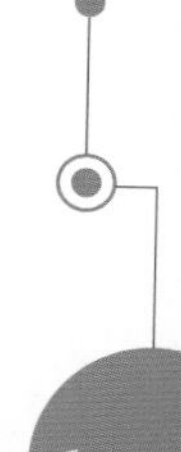

Q/GDW 1799.1—2013《国家电网公司电力安全工作规程 变电部分》

14.1.4 试验装置的金属外壳应可靠接地；高压引线应尽量缩短，并采用专用的高压试验线，必要时用绝缘物支持牢固。试验装置的电源开关，应使用明显断开的双极隔离开关。为了防止误合隔离开关，可在刀刃或刀座上加绝缘罩。试验装置的低压回路中应有两个串联电源开关，并加装过载自动跳闸装置。

14.1.5 试验现场应装设遮栏或围栏，遮栏或围栏与试验设备高压部分应有足够的安全距离，向外悬挂“止步，高压危险！”的标示牌，并派人看守。被试设备两端不在同一地点时，另一端还应派人看守。

案例18　未拉开接地刀闸就拆卸接地线工作人员被电弧烧伤

事故经过

某供电局高压班在测量某变电站的接地点电流。测量后，工作人员未将测量点的接地刀闸拉开就拆卸接地线，且工作人员拆接地线时先拆接地端，造成工作人员被电弧烧伤。

现场目击

▶▶ 某供电局高压班在测量某变电站的接地点电流。

▶▶ 测量后，工作人员未将测量点的接地刀闸拉开就拆卸接地线。

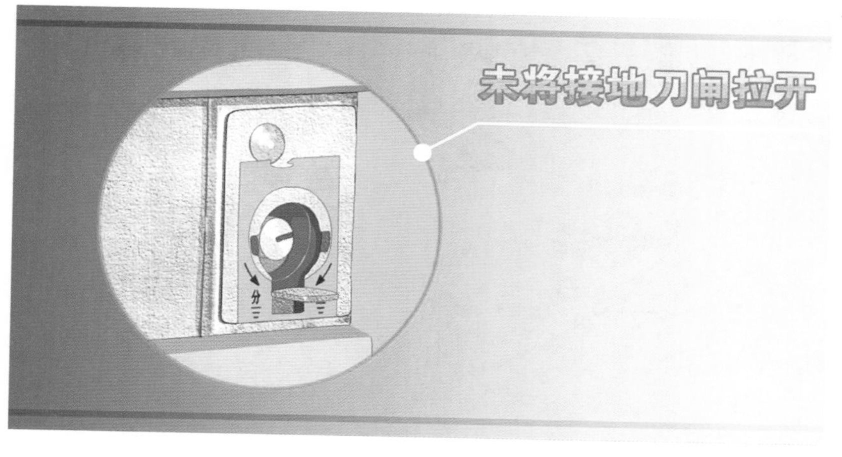

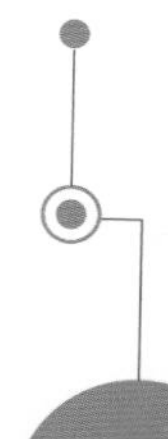

►► 且工作人员拆接地线时先拆接地端。

►► 造成工作人员被电弧烧伤。

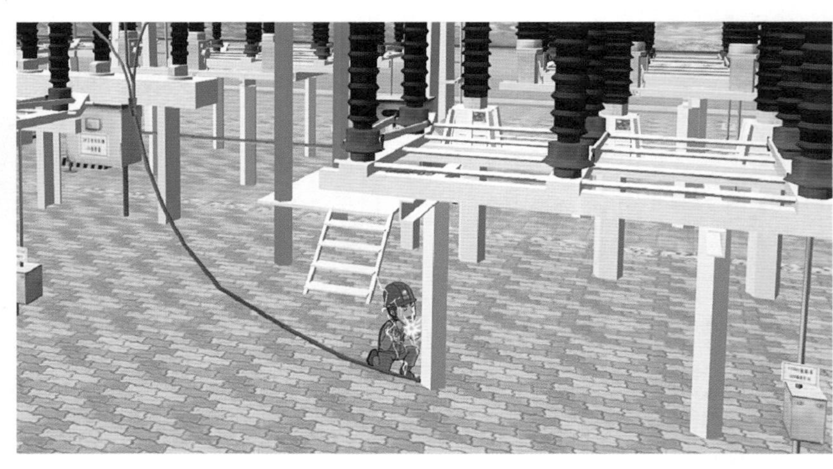

案例警示

当使用高压试验电流互感器（如标准电流互感器）或在二次侧施加试验电流需要断开电流互感器的高压回路时，为防止二次电流回路所连接的设备和仪器向高压侧反送电，应先将施加电流回路所连接的设备和仪器全部停电。

《安规》对照

Q/GDW 1799.1—2013《国家电网公司电力安全工作规程　变电部分》

14.2.3　电流表、电流互感器及其他测量仪表的接线和拆卸，需要断开高压回路者，应将此回路所连接的设备和仪器全部停电后，始能进行。

14.2.4　电压表、携带型电压互感器和其他高压测量仪器的接线和拆卸无需断开高压回路者，可以带电工作。但应使用耐高压的绝缘导线，导线长度应尽可能缩短，不准有接头，并应连接牢固，以防接地和短路。必要时用绝缘物加以固定。

使用电压互感器进行工作时，应先将低压侧所有接线接好，然后用绝缘工具将电压互感器接到高压侧。工作时应戴手套和护目眼镜，站在绝缘垫上，并应有专人监护。

14.2.5　连接电流回路的导线截面，应适合所测电流数值。连接电压回路的导线截面积不得小于 $1.5mm^2$。

案例19　工作完成后未恢复安全遮栏检修人员误登断路器触电死亡

事故经过

110kV 某变电站 35kV 场地Ⅰ段母线上设备停电进行年检。Ⅱ段母线上设备带电，工作许可人按照工作票上安全措施用遮栏将Ⅱ段母线上带电设备全部围住。

王班长："今天我们要对Ⅱ段母线上 532 断路器间隔电流互感器二次电流进行测量检查，这些遮栏太碍事了，小张你们先把遮栏拆掉在继续工作。"

小张："嗯，知道了王班长。"

一段时间后测量检查工作完成，王班长等人在没有恢复遮栏的情况下便离开现场。检修班谢某看见 532 断路器没有装设遮栏，误登上 532 断路器，触电死亡。

现场目击

►► 110kV 某变电站 35kV 场地 I 段母线上设备停电进行年检。

►► II 段母线上设备带电，工作许可人按照工作票上安全措施用遮栏将 II 段母线上带电设备全部围住。

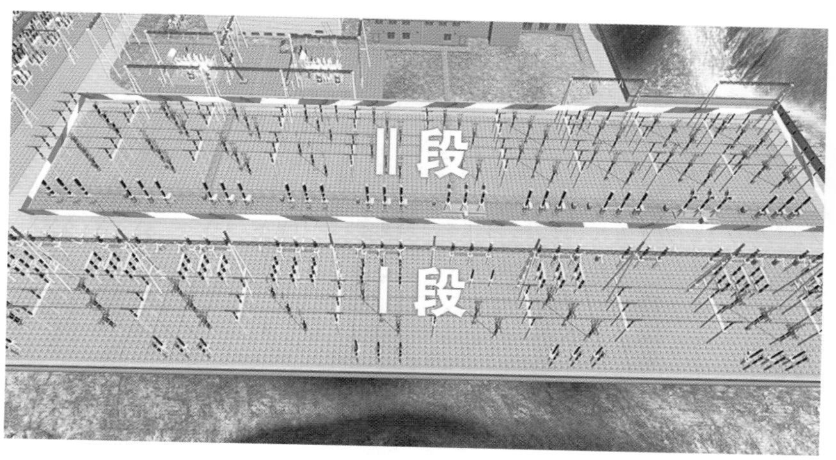

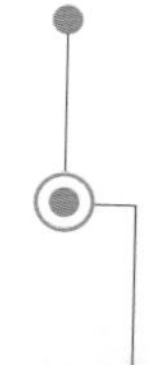

▸▸ 王班长：“今天我们要对Ⅱ段母线上 532 断路器间隔电流互感器二次电流进行测量检查，这些遮栏太碍事了，小张你们先把遮栏拆掉在继续工作。”小张：“嗯，知道了王班长。”

▸▸ 一段时间后测量检查工作完成，王班长等人在没有恢复遮栏的情况下便离开现场。检修班谢某看见 532 断路器没有装设遮栏，误登上 532 断路器，触电死亡。

案例警示

如需要拆除运行设备的遮栏（围栏）才能进行测量，应在监护下进行非运维人员在拆除运行设备的遮栏前应征得工作许可人的同意，测量人员与带电部位应符合本规程表 1 规定的安全距离。测量工作结束，应立即将遮栏（围栏）恢复原状。

《安规》对照

Q/GDW 1799.1—2013《国家电网公司电力安全工作规程　变电部分》

14.3.3　测量时若需拆除遮栏，应在拆除遮栏后立即进行。工作结束，应立即将遮栏恢复原状。

案例20　工作票安全措施不完善操作人员触电死亡

事故经过

某供电局高压班对35kV变电站35kV 535断路器间隔出线电缆进行绝缘试验。在测量出线电缆绝缘电阻试验中，工作负责人王某在工作票上安全措施中没有将出线电缆与535断路器间隔完全断开，导致在5353隔离开关上进行绝缘子清理的宋某触电，经送医治疗无效后死亡。

现场目击

▸▸ 某供电局高压班对 35kV 变电站 35kV 535 断路器间隔出线电缆进行绝缘试验。

▸▸ 在测量出线电缆绝缘电阻试验中，工作负责人王某在工作票上安全措施中没有将出线电缆与 535 断路器间隔完全断开。

▶▶ 导致在 5353 隔离开关上进行绝缘子清理的宋某触电。

▶▶ 经送医治疗无效后死亡。

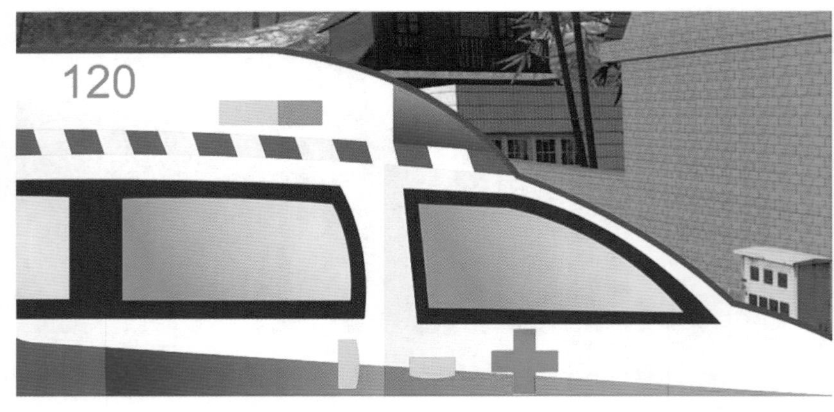

案例警示

带电设备附近进行测量工作，需移动测量仪表引线时，必须有人监护，防止引线碰触带电设备，造成人身伤害和设备损伤。

《安规》对照

Q/GDW 1799.1—2013《国家电网公司电力安全工作规程 变电部分》

14.4.5 在带电设备附近测量绝缘电阻时，测量人员和绝缘电阻表安放位置，应选择适当，保持安全距离，以免绝缘电阻表引线或引线支持物触碰带电部分。移动引线时，应注意监护，防止作业人员触电。

案例21 接地刀闸合闸状态下耐压试验设备异响终损坏

事故经过

2007年4月6日，某超高压公司试验人员李某与黄某对10kV变电站某直流线路进行耐压试验。耐压试验中，李某发现试验设备发出“嗡嗡”的响声。

李某认为设备应该坏不了，于是继续加压。

突然，电流变为零，检查发现试验设备已烧坏。事后发现线路接地刀闸还处于合闸状态。

现场目击

►► 某超高压公司试验人员李某与黄某对 10kV 变电站某直流线路进行耐压试验。

►► 耐压试验中，李某发现试验设备发出“嗡嗡”的响声。

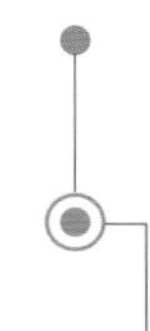

▸▸ 李某认为设备应该坏不了，于是继续加压。突然，电流变为零，检查发现试验设备已烧坏。

▸▸ 事后发现线路接地刀闸还处于合闸状态。

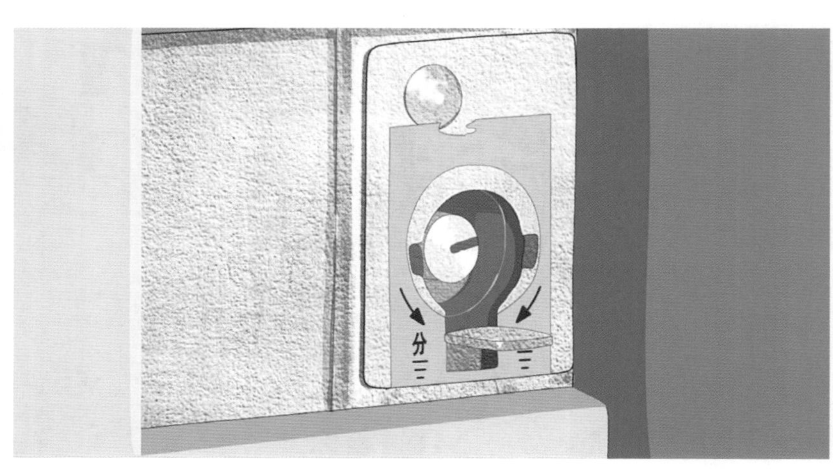

案例警示

高压直流系统带线路空载加压试验时，为防止试验电压接地短路或送至对侧换流站内，试验前应确认对侧换流站相应的直流线路接地刀闸、极母线出线隔离开关（刀闸）、金属回线隔离开关（刀闸）均在拉开状态。

《安规》对照

Q/GDW 1799.1—2013《国家电网公司电力安全工作规程　变电部分》

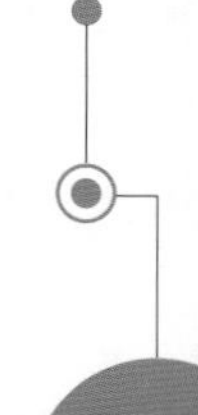

14.5.5　高压直流系统带线路空载加压试验前，应确认对侧换流站相应的直流线路接地刀闸（地刀）、极母线出线隔离开关（刀闸）、金属回线隔离开关（刀闸）在拉开状态；单极金属回线运行时，禁止对停运极进行空载加压试验；背靠背高压直流系统一侧进行空载加压试验前，应检查另一侧换流变压器处于冷备用状态。

15 电力电缆工作

案例22　高压电缆埋深不足 施工挖伤电缆致线路跳闸

事故经过

某年某月某日，某电力施工队在施工时挖伤一根高压电缆，导致某市北大路附近某变电站跳闸，该路段部分区域暂时断电。经调查发现，高压电缆埋深不够，只有 10cm，而按照作业标准，高压电缆应该埋深 70cm，并在电缆上填沙土和砖，还要在埋电缆的地面上做标志和标桩。

现场目击

▶▶ 某电力施工队在施工时挖伤一根高压电缆。

▶▶ 导致某市北大路附近某变电站跳闸，该路段部分区域暂时断电。

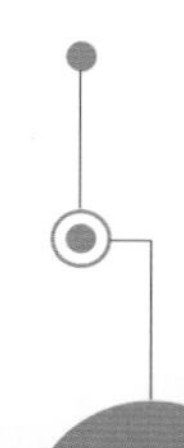

►► 经调查发现，高压电缆埋深不够，只有 10cm。

►► 而按照作业标准，高压电缆应该埋深 70cm，并在电缆上填沙土和砖，还要在埋电缆的地面上做标志和标桩。

案例警示

施工前查看、核对图纸主要是为了确定电缆敷设位置和电缆敷设走向是否正确，开挖样洞和样沟是为了探明地下地质、地下建筑、地下管线的分布情况，做好开挖过程中的意外应急措施，确保施工中不损伤地下运行电缆和其他地下管线设施。

《安规》对照

Q/GDW 1799.1—2013《国家电网公司电力安全工作规程　变电部分》

15.2.1.1　电缆直埋敷设施工前应先查清图纸，再开挖足够数量的样洞和样沟，摸清地下管线分布情况，以确定电缆敷设位置及确保不损坏运行电缆和其他地下管线。

15.2.1.2　为防止损伤运行电缆或其他地下管线设施，在城市道路红线范围内不宜使用大型机械来开挖沟（槽），硬路面面层破碎可使用小型机械设备，但应加强监护，不得深入土层。

若要使用大型机械设备时，应履行相应的报批手续。

15.2.1.3　掘路施工应具备相应的交通组织方案，做好防止交通事故的安全措施。施工区域应用标准路栏等严格分隔，并有明显标记，夜间施工人员应佩戴反光标志，施工地点应加挂警示灯。

案例23　电缆沟施工未采取塌方防护作业人员全部被埋

事故经过

某年某月某日，某变电站 110kV 送电工程电缆沟施工，由于未采取任何防止土层塌方的防范措施，沟南面的防护墙突然发生垮塌。现场作业的 6 个人被埋在钢筋瓦砾堆中。在消防队和数十名工人的努力下，6 名被埋的工人全部救出，事故造成 2 名工人死亡。

现场目击

▸▸ 某年某月某日，某变电站 110kV 送电工程电缆沟施工。

▸▸ 由于未采取任何防止土层塌方的防范措施。

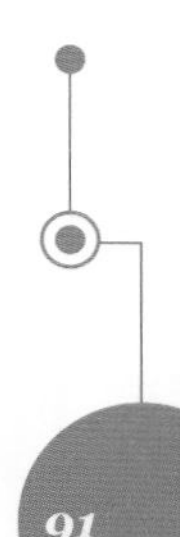

▶▶ 沟南面的防护墙突然发生垮塌，现场作业的 6 个人被埋在钢筋瓦砾堆中。

▶▶ 在消防队和数十名工人的努力下，6 名被埋的工人全部救出，事故造成 2 名工人死亡。

案例警示

沟（槽）开挖深度达到 1.5m 及以上时，发生土层塌方及造成人身伤害的可能性加大。为保证作业人员安全，应采取措施（钢板桩等）防止土层塌方，根据土壤类别，采取不同措施，宜分层开挖。

沟（槽）开挖时应注意土壁的稳定性，发现有裂缝及倾、坍可能时，人员要立即离开并及时处理。

《安规》对照

Q/GDW 1799.1—2013《国家电网公司电力安全工作规程　变电部分》

15.2.1.4　沟（槽）开挖深度达到 1.5m 及以上时，应采取措施防止土层塌方。

15.2.1.5　沟（槽）开挖时，应将路面铺设材料和泥土分别堆置，堆置处和沟（槽）之间应保留通道供施工人员正常行走。在堆置物堆起的斜坡上不得放置工具材料等器物。

案例24　电缆隧道巡视未先通风、未检测气体含量　作业人员中途昏迷

事故经过

某供电局某操作队人员李某和黄某对电缆进行巡视工作，需要巡视的电缆长约2km，李某和黄某打开4号井盖直接进入电缆沟中。巡视到约500m处，李某感觉呼吸困难、四肢乏力，黄某马上拨打了120，并将其慢慢搀扶出井口。

现场目击

▶▶ 某供电局某操作队员李某和黄某对电缆进行巡视工作。

▶▶ 需要巡视的电缆长约 2km，李某和黄某打开 4 号井盖直接进入电缆沟中。

▶▶ 巡视到约 500m 处，李某感觉呼吸困难、四肢乏力，黄某马上拨打了 120。

▶▶ 并将李某慢慢搀扶出井口。

案例警示

在电缆井内工作时，应打开两个及以上井盖，以保证井下空气流通。

在电缆隧（沟）道内巡视时，为避免中毒及氧气不足，作业人员应携带便携式气体测试仪，电缆隧（沟）道内通风条件不良时，作业人员还应携带（使用）正压式空气呼吸器。佩戴使用中，应随时观察正压式空气呼吸器压力表的指示值，听到正压式空气呼吸器发出报警信号后及时撤离现场。一旦进入电缆隧（沟）道内，呼吸器不应取下，直到离开电缆隧（沟）道后。

《安规》对照

Q/GDW 1799.1—2013《国家电网公司电力安全工作规程　变电部分》

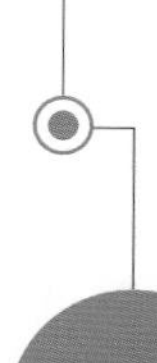

15.2.1.11　电缆隧道应有充足的照明，并有防火、防水、通风的措施。电缆井内工作时，禁止只打开一只井盖（单眼井除外）。进入电缆井、电缆隧道前，应先用吹风机排除浊气，再用气体检测仪检查井内或隧道内的易燃易爆及有毒气体的含量是否超标，并做好记录。电缆沟的盖板开启后，应自然通风一段时间，经测试合格后方可下井沟工作。电缆井、隧道内工作时，通风设备应保持常开。在电缆隧（沟）道内巡视时，作业人员应携带便携式体测试仪，通风不良时还应携带正压式空气呼吸器。

16 一般安全措施

案例25 工作场所无消防设施和指示逃生的标志 火灾现场多人被困

事故经过

某化工厂厂房内突然起火，引起化工原料的化学原料燃烧，导致火势快速蔓延。但是由于厂房内未设消防设施，也没有指示逃生路线的标志，大量员工被堵在厂房门口通道内，多人中毒窒息死亡。

现场目击

▶▶ 某化工厂厂房突然起火。

▶▶ 引起化工原料的化学原料燃烧，导致火势快速蔓延。

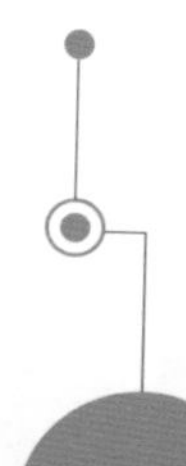

►► 但是由于厂房内未设消防设施，也没有指示逃生路线的标志。

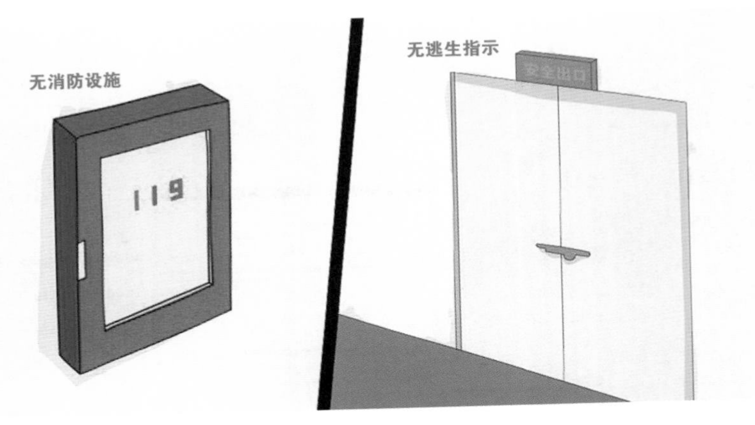

►► 大量员工被堵在厂房门口通道内，多人中毒窒息死亡。

案例警示

逃生路线是在现场突发火灾等危及人身的情况下，用于生产场所人员正确疏散、逃生的路线。理想的逃生路线应是路程最短，障碍少而又能一次性抵达建筑物外地面的路线。在紧急情况下，容易造成生产场所混乱和人员慌张，设有明显的逃生路线标示的通道能引导人员有序、快速地远离灾害现场，及时脱离危险，顺利到达安全区域。

《安规》对照

Q/GDW 1799.1—2013《国家电网公司电力安全工作规程　变电部分》

16.1.6　各生产场所应有逃生路线的标示。

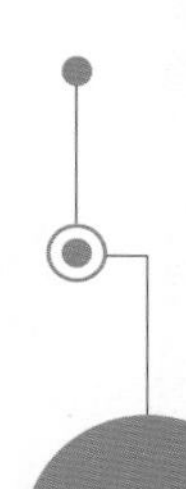

案例26 爬梯锈蚀且没有护笼登梯时梯阶断裂致人坠落死亡

事故经过

某项目部现场安全员丁某到某水电站右岸导流洞进行现场巡视。丁某在爬 8m 高的垂直爬梯的过程中，梯阶因锈蚀断裂。由于爬梯没有护笼，丁某坠落在已安装好的边墙钢筋网立筋上。钢筋插入其体内约 30cm，丁某经抢救无效死亡。

现场目击

▸▸ 某项目部现场安全员丁某到某水电站右岸导流洞进行现场巡视。

▸▸ 丁某在爬 8m 高的垂直爬梯的过程中，梯阶因锈蚀断裂。

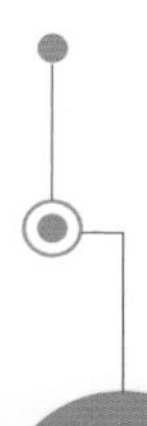

►► 由于爬梯没有护笼。

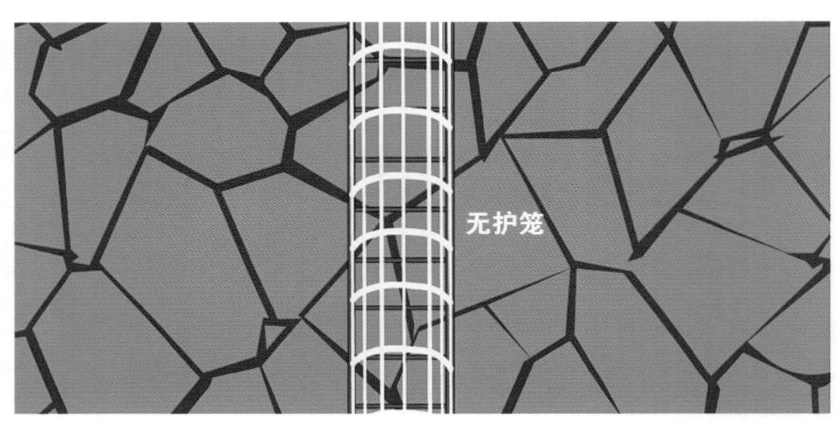

►► 丁某坠落在已安装好的边墙钢筋网立筋上。钢筋插入其体内约 30cm，丁某经抢救无效死亡。

案例警示

由于爬梯不经常使用，有些梯阶可能存在锈蚀、松动等缺陷，给攀爬带来了一定的安全隐患，所以，上爬梯应逐档检查每个梯阶是否牢固，是否有护笼。攀登过程中，上下爬梯应抓牢，不准两只手同时抓住一个梯阶，以防所抓的梯阶存在缺陷，导致登梯者发生坠落。

《安规》对照

Q/GDW 1799.1—2013《国家电网公司电力安全工作规程 变电部分》

16.2.2 变电站（生产厂房）外墙、竖井等处固定的爬梯，应牢固可靠，并设护笼，高百米以上的爬梯，中间应设有休息的平台，并应定期进行检查和维护。上爬梯应逐档检查爬梯是否牢固，上下爬梯应抓牢，并不准两手同时抓一个梯阶。垂直爬梯宜设置人员上下作业的防坠安全自锁装置或速差自控器，并制定相应的使用管理规定。

17 起重与运输

案例27 起重机未经检验合格操作中起重机倾倒致操作人员坠落死亡

事故经过

某市一小区正在施工，工地有一台塔式起重机无检验合格证。工作中该起重机发生倾倒事故，塔机操作人员从 17m 的高处坠落，送医院抢救无效身亡。

现场目击

▸▸ 某市一小区正在施工。

▸▸ 工地有一台塔式起重机无检验合格证。

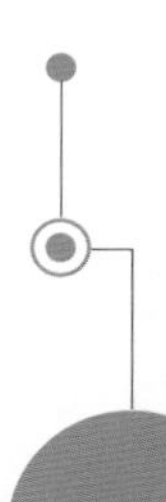

►► 工作中该起重机发生倾倒事故，塔机操作人员从 17m 的高处坠落。

►► 送医院抢救无效身亡。

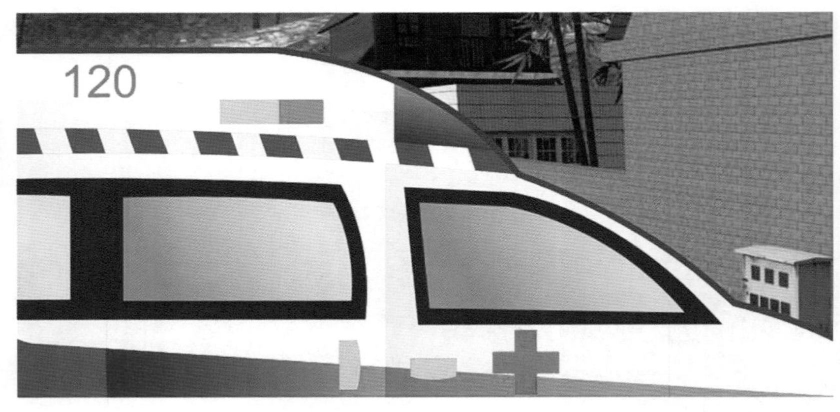

案例警示

起重设备属于涉及生命安全、危险性较大的特种设备，在使用中一旦发生设备故障，易造成人身伤害、设备损坏。为保证起重设备使用安全，需要经检验检测机构检验合格并在特种设备安全监督管理部门登记，方可投入使用。特种设备检验检测机构，应当经国务院特种设备安全监督管理部门核准。

《安规》对照

Q/GDW 1799.1—2013《国家电网公司电力安全工作规程　变电部分》

17.1.1　起重设备需经检验检测机构检验合格，并在特种设备安全监督管理部门登记。

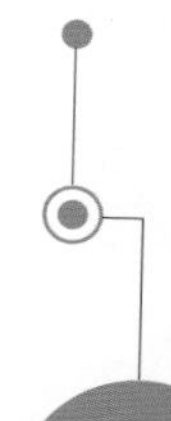

案例28 空预器吊装两人指挥现场作业人员手被挤伤

事故经过

某厂对空预器三角板进行吊装。司某负责开卷扬机，王某、吴某两人负责吊装指挥。当三角板快吊装到位时，有障碍物影响就位，王某发启升指令，卷扬机动了一下，但三角板仍被挡住，王某便上前用手扳动三角板。此时，吴某又发启升指令，司某再次操作，三角板摆动，王某左手被挤压受伤。

现场目击

▶▶ 某厂对空预器三角板进行吊装。

▶▶ 司某负责开卷扬机，王某、吴某两人负责吊装指挥。

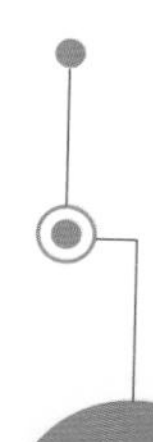

►► 当三角板快吊装到位时，有障碍物影响就位，王某发启升指令，卷扬机动了一下，但三角板仍被挡住，王某便上前用手扳动三角板。

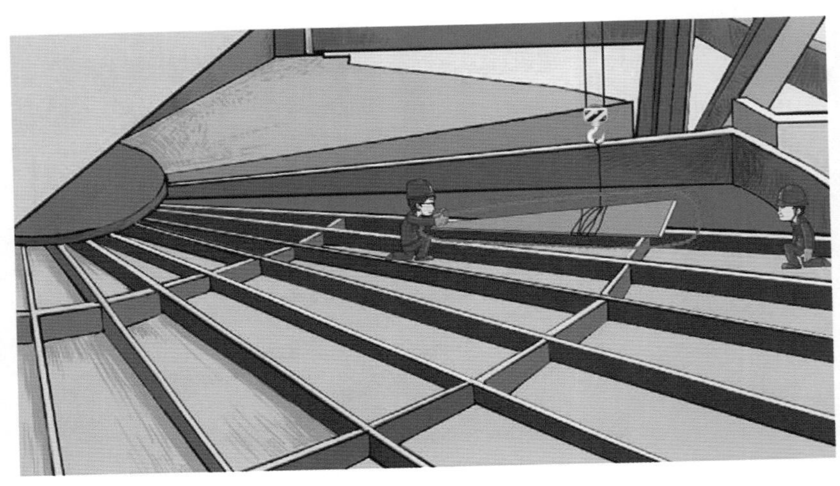

►► 此时，吴某又发启升指令，司某再次操作，三角板摆动，王某左手被挤压受伤。

案例警示

起重搬运工作中，需要起重指挥人、起重机司机和起重挂钩工密切配合协作，才能安全地完成任务。而起重指挥人负责全面组织、协调、指挥起重工作，只能由一人统一指挥。如果多人指挥，起重机司机和起重挂钩工必将无所适从，造成现场混乱进而导致事故的发生。如因起重作业区域较大或工作复杂，可以设置中间指挥人来传递指挥人的指令。指挥信号应该简单、明确和统一。传递过程应快捷、准确，所有工作成员应分工明确，全体人员按照现场指挥来进行工作。

《安规》对照

Q/GDW 1799.1—2013《国家电网公司电力安全工作规程 变电部分》

17.1.4 一切重大物件的起重、搬运工作应由有经验的专人负责，作业前应向参加工作的全体人员进行技术交底，使全体人员均熟悉起重搬运方案和安全措施。起重搬运时只能由一人统一指挥，必要时可设置中间指挥人员传递信号。起重指挥信号应简明、统一、畅通，分工明确。

18 高处作业

案例29 屋顶作业未系安全带屋顶石棉瓦塌陷致人坠落死亡

事故经过

为修补屋顶，某公司派员工周某在屋顶作业。作业时周某安全带未固定，安全帽也未系牢。作业过程中脚下石棉瓦塌陷，周某不慎坠落。因周某未系安全带，且安全帽在半空中脱落，周某坠落后左面头部着地，因伤势过重医治无效死亡。

现场目击

▸▸ 为修补屋顶，某公司派员工周某在屋顶作业。

▸▸ 作业时周某安全带未固定，安全帽也未系牢。

▸▸ 作业过程中脚下石棉瓦塌陷，周某不慎坠落。

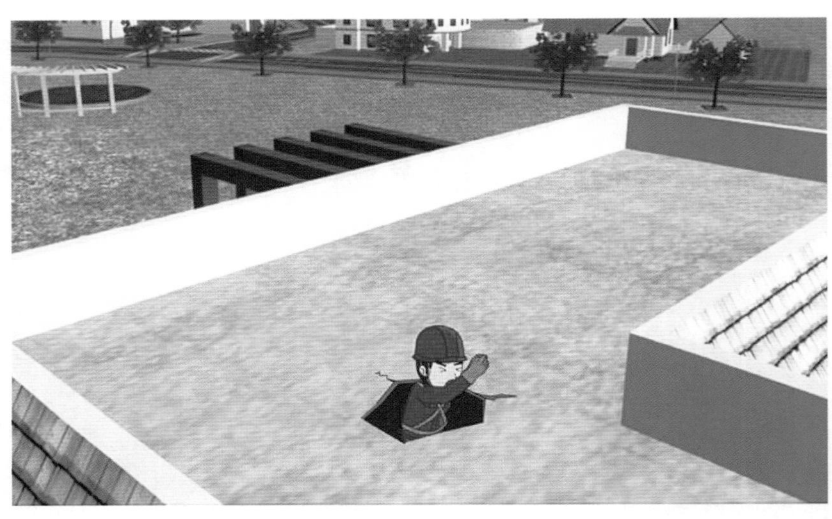

▸▸ 因周某未系安全带，且安全帽在半空中脱落，周某坠落后左面头部着地，因伤势过重医治无效死亡。

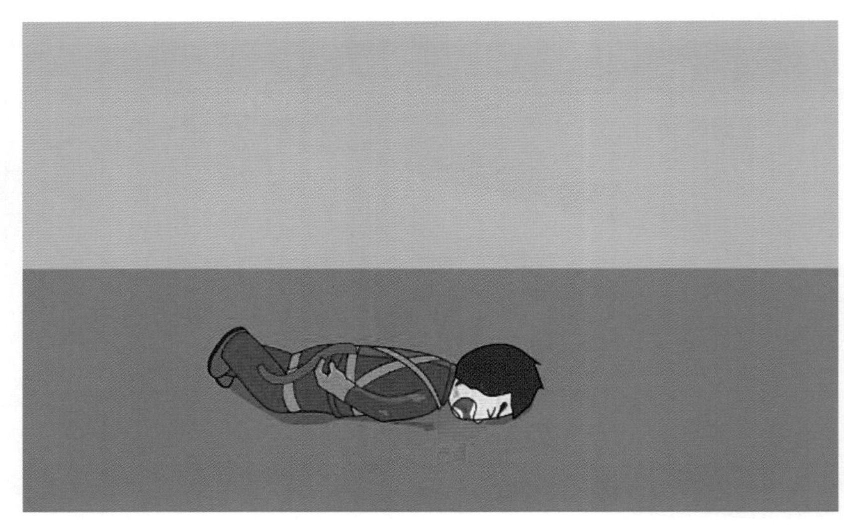

案例警示

在屋顶、陡坡、悬崖、杆塔等其他危险的边沿进行工作时，如果临空一面没有设安全网或防护栏杆时，则存在坠落的可能，在此情况下工作应视为高处作业。如果没有安全带的保护，工作人员在工作中如因身体不适、不小心或者受到外界干扰，可能会发生高处坠落而造成伤害。

《安规》对照

Q/GDW 1799.1—2013《国家电网公司电力安全工作规程 变电部分》

18.1.4 在屋顶以及其他危险的边沿进行工作，临空一面应装设安全网或防护栏杆，否则，作业人员应使用安全带。

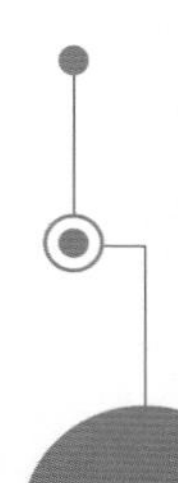

案例30　安全带严重过期并磨损使用前未检查致人高坠摔伤

事故经过

某机械加工厂电工张某进行维修电杆上的喇叭的工作。张某使用安全带校验日期为 1999 年 11 月 2 日，已严重过期，且因长期使用造成局部磨损，张某在工作前也未检查安全带。当爬上近 10m 高的电杆时，安全带突然断开，张某从高处摔下致全身多处骨折。

现场目击

▸▸ 某机械加工厂电工张某进行维修电杆上的喇叭的工作。

▸▸ 张某使用安全带校验日期为 1999 年 11 月 2 日，已严重过期，且因长期使用造成局部磨损，张某在工作前也未检查安全带。

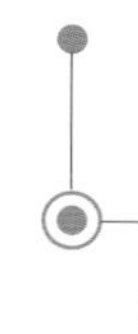

▶▶ 当爬上近 10m 高的电杆时，安全带突然断开。

▶▶ 张某从高处摔下致全身多处骨折。

案例警示

安全带和专作固定安全带的绳索质量直接关系到作业人员的人身安全，为确保上述安全防护用品安全可靠，在每次使用前都应进行外观检查，合格后方可使用。外观检查包括：安全绳、护腰带等部分有无裂纹、污秽、严重伤痕，固定连接部分有锈蚀、裂纹等现象。在工作中，安全带有可能被割伤或磨损，每年要进行一次静负荷试验，做到发现问题及时更换。

《安规》对照

Q/GDW 1799.1—2013《国家电网公司电力安全工作规程 变电部分》

18.1.6 安全带和专作固定安全带的绳索在使用前应进行外观检查。安全带应按附录L定期检验，不合格的不准使用。

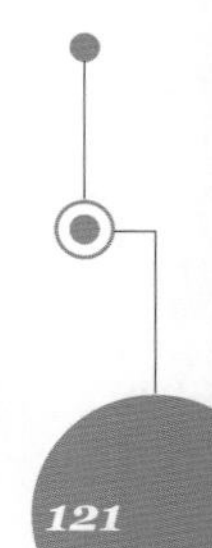

更多案例请扫描下方二维码观看